Reduktions-Tabelle
für Heizwert und Volumen von Gasen

Rechnerische und logarithmische Tafel

I. zur Reduktion des oberen bzw. unteren Heizwertes von Gasen bei $t\,°C$ und b mm Barometerstand auf $0°$ bzw. $15°$ und 760 mm,

II. zur Reduktion beliebiger Gasvolumina bei $t\,°C$ und b mm Barometerstand auf $0°$ bzw. $15°$ und 760 mm

sowie

Heizwerte der wichtigsten Brennstoffe einschl. Flammentemperaturen der gebräuchlichsten Gase

von

Oberingenieur K. Ludwig, Berlin

Vierte verbesserte Auflage

MÜNCHEN UND BERLIN 1937
VERLAG VON R. OLDENBOURG

Copyright 1928 by R. Oldenbourg, München und Berlin
Manuldruck von F. Ullmann G. m. b. H., Zwickau (Sa.)
Printed in Germany

Vorwort zur 3. Auflage.

Nachdem sich die 2. Auflage des vorliegenden kleinen Tabellenwerkes als absatzfähig erwiesen, hat sich die Verlagsbuchhandlung zur Herausgabe einer neuen Auflage entschlossen.

Die äußere Gestalt sowie das Tabellenwerk an sich sind unverändert übernommen, doch ist der Anhang durch einige Aufstellungen und Formeln ergänzt worden, die wünschenswert erschienen und dem Benutzer gewiß gelegen kommen.

Die aufsteigende Entwicklung in der gesamten Gasindustrie, besonders in der Gas-Wärmewirtschaft, zieht es nach sich, mehr noch als bisher sich mit den Eigenschaften der Gase und des Leuchtgases im besonderen zu befassen, zumal die in Frage kommenden Interessenten für die von ihnen benutzten Feuerungen, Geräte und Hilfsapparate feine Einstellung, Regulierbarkeit und Sicherheit bei höchstwirtschaftlicher Ausnutzung verlangen.

Es dürfte daher auch der neuen Auflage eine günstige Aufnahme bei allen Fachkollegen beschieden sein.

Berlin-Bergfelde, im August 1928.

K. Ludwig.

Anleitung.

I. Reduktion des Heizwertes.

Es sei der obere bzw. untere Heizwert des feuchten Gases mit dem Junkersschen Kalorimeter festgestellt.

a) rechn. Man suche unter der Spalte mm der Tabelle den herrschenden Barometerstand und unter der Spalte °C die abgelesene Gastemperatur. Am Schnittpunkt dieser beiden Reihen findet man dann den Faktor, mit welchem man den oberen bzw. unteren Heizwert zu multiplizieren hat, um den auf 0° und 760 mm reduzierten oberen bzw. unteren Heizwert des trockenen Gases zu erhalten.

b) logarithm. Man verfahre genau so wie unter a) und addiere den aus der Tabelle ermittelten Logarithmus-Faktor zu dem Logarithmus des oberen bzw. unteren Heizwertes, und man erhält den Logarithmus des auf 0° und 760 mm reduzierten oberen bzw. unteren Heizwertes.

Beispiel zu a): Es sei der obere Heizwert mit 4691 WE, der untere mit 4211 WE festgestellt. Der herrschende Barometerstand sei 736 mm, die Gastemperatur 22° C. Man findet dann in der Tabelle unter 736 mm und 22° den Faktor 1,146. Es ergibt sich die einfache Rechnung:

$$1. \quad 4691 \cdot 1{,}146 = 5376 \text{ WE (ob. red. Heizwert trocken)},$$
$$2. \quad 4211 \cdot 1{,}146 = 4826 \text{ WE (unt. red. Heizwert trocken)}.$$

Beispiel zu b): Es gelten dieselben angenommenen Zahlen wie bei a). Es ergibt sich die Rechnung:

1.	log 4691	= 6713		2.	log 4211	= 6244
	+ log Faktor	= 0593			+ log Faktor	= 0593
		7306 = 5377 WE				6837 = 4828 WE
	(ob. red. Heizwert trocken)				(unt. red. Heizwert trocken).	

Will man den auf 15° und 760 mm reduzierten Heizwert feststellen, so verfährt man genau so wie zuvor, indem man zunächst den log des auf 0° und 760 mm reduzierten Heizwertes berechnet und von diesem Logarithmus den log 0305 (als Konstante) abzieht. Der so erhaltene Logarithmus ergibt den auf 15° und 760 mm reduzierten „technischen Heizwert". (Rechnerisch ist der erhaltene auf 0° und 760 mm reduzierte Heizwert durch die Zahl 1,073 zu dividieren, um den technischen Heizwert zu erhalten.)

Beispiel:

log 4691	= 6713	
+ log Faktor	= 0593	
	7306	= 5377 WE (auf 0° und 760 mm reduziert).
− log Konstante	0305	
	7001	= 5013 WE (auf 15° und 760 mm reduziert).

Bemerkung: Die Kennziffern können bei dieser Rechnung weggelassen werden, da man ja weiß, eine wievielstellige Zahl man berechnet. Die rechnerische und logarithmische Rechnung weichen mitunter um 1 bis 2 WE voneinander ab infolge Verwendung von 4stelligen Logarithmen, was aber für die Praxis ohne Belang ist.

II. Reduktion des Gasvolumens.
(Zu verwenden bei Zähler-Eichungen).

Man verfahre wie unter I, nur anstatt mit dem Faktor der Tabelle zu multiplizieren (bzw. den Logarithmus-Faktor zu addieren) dividiere man mit dem ermittelten Faktor in das zuvor bestimmte Gasvolumen (bzw. subtrahiere den Logarithmus-Faktor von dem Logarithmus des Gasvolumens), und man erhält das auf 0^0 und 760 mm reduzierte Gasvolumen, bzw. den Logarithmus desselben.

Bei Berechnung des Gasvolumens auf 15^0 und 760 mm hat man hier das auf 0^0 und 760 mm reduzierte Gasvolumen mit der Zahl 1,073 zu multiplizieren bzw. zu dem Logarithmus von 0^0 und 760 mm den log 0305 zu addieren.

Anmerkung zu I und II: Für exakte Messungen ist in den Barometerstand der Überdruck des Gases einzubeziehen, also $b = b + p$.

Ergänzung.

Berechnung des Faktors für die selten vorkommenden Gastemperaturen von 0^0 bis 5^0 und 30^0 bis 35^0.

Beispiel: Barometerstand $b = 740$ mm
Gastemperatur $t = 31^0$

dann ist

$$F = \frac{760\,(273 + t)}{273\,(b - \tau^{*)})} = \frac{760\,(273 + 31)}{273\,(740 - 33,405)}$$

---

*) Werte für „τ"
bei einer Gastemperatur von

0^0 bis 5^0				30^0 bis 35^0			
^{0}C	mm	^{0}C	mm	^{0}C	mm	^{0}C	mm
0	4,600	3	5,687	30	31,548	33	37,410
1	4,940	4	6,097	31	33,405	34	39,565
2	5,302	5	6,534	32	35,359	35	41,827

mm	6°	7°	8°	9°	10°	11°	12°	13°	14°	15°	16°	17°
700	1,121 0495	1,126 0514	1,130 0532	1,135 0551	1,141 0571	1,146 0590	1,151 0609	1,156 0629	1,161 0648	1,166 0668	1,172 0689	1,177 0709
701	1,119 88	1,124 08	1,129 26	1,134 45	1,139 64	1,144 83	1,149 03	1,154 23	1,159 42	1,165 62	1,170 82	1,176 03
702	1,117 82	1,122 01	1,127 19	1,132 39	1,137 58	1,142 77	1,147 0596	1,153 17	1,158 36	1,163 56	1,168 76	1,174 0696
703	1,116 76	1,121 0495	1,125 13	1,130 32	1,136 52	1,141 71	1,146 90	1,151 10	1,156 29	1,161 50	1,167 70	1,172 90
704	1,114 70	1,119 89	1,124 07	1,129 26	1,134 45	1,139 64	1,144 83	1,149 04	1,154 23	1,160 43	1,165 64	1,171 84
705	1,113 63	1,118 83	1,122 01	1,127 20	1,132 39	1,137 58	1,142 77	1,148 0598	1,153 17	1,158 37	1,163 57	1,169 78
706	1,111 57	1,116 76	1,121 0494	1,125 14	1,131 33	1,136 52	1,141 71	1,146 91	1,151 10	1,156 31	1,162 51	1,167 71
707	1,110 51	1,114 70	1,119 88	1,124 07	1,129 27	1,134 46	1,139 65	1,144 85	1,149 04	1,155 24	1,160 45	1,165 65
708	1,108 45	1,113 64	1,117 82	1,122 01	1,127 20	1,132 39	1,137 59	1,143 79	1,148 0598	1,153 18	1,158 38	1,164 59
709	1,106 39	1,111 58	1,116 76	1,121 0495	1,126 14	1,131 33	1,136 52	1,141 73	1,146 92	1,151 12	1,157 32	1,162 52
710	1,105 32	1,110 52	1,114 70	1,119 89	1,124 08	1,129 27	1,134 46	1,139 66	1,144 85	1,150 06	1,155 26	1,160 46
711	1,103 26	1,108 45	1,113 63	1,117 83	1,123 02	1,128 21	1,132 40	1,138 60	1,143 79	1,148 0599	1,154 20	1,159 40
712	1,102 20	1,106 39	1,111 57	1,116 76	1,121 0496	1,126 15	1,131 34	1,136 54	1,141 73	1,146 93	1,152 13	1,157 34
713	1,100 14	1,105 33	1,110 51	1,114 70	1,119 89	1,124 08	1,129 28	1,135 48	1,139 67	1,145 87	1,150 07	1,155 27
714	1,099 08	1,103 27	1,108 45	1,113 64	1,118 83	1,123 02	1,128 21	1,133 42	1,138 61	1,143 81	1,149 01	1,154 21
715	1,097 02	1,102 21	1,106 39	1,111 58	1,116 77	1,121 0496	1,126 15	1,131 35	1,136 54	1,142 75	1,147 0595	1,152 15
716	1,096 0396	1,100 15	1,105 33	1,110 52	1,115 71	1,119 90	1,125 09	1,130 29	1,135 48	1,140 68	1,145 89	1,151 09
717	1,094 89	1,099 08	1,103 27	1,108 46	1,112 65	1,118 84	1,123 03	1,128 23	1,133 42	1,138 62	1,144 82	1,149 03
718	1,092 83	1,097 02	1,102 20	1,106 39	1,111 59	1,117 78	1,121 0497	1,127 17	1,131 36	1,137 56	1,142 76	1,147 0596
719	1,091 77	1,096 0396	1,100 14	1,105 33	1,110 53	1,115 72	1,120 91	1,125 11	1,130 30	1,135 50	1,140 70	1,146 90
720	1,089 71	1,094 90	1,099 08	1,103 27	1,109 46	1,113 65	1,119 85	1,124 05	1,129 24	1,134 44	1,139 64	1,144 84
721	1,088 65	1,093 84	1,097 02	1,102 21	1,107 40	1,112 59	1,117 78	1,122 0499	1,127 18	1,132 38	1,137 58	1,142 78
722	1,086 59	1,091 78	1,096 0396	1,100 15	1,105 34	1,110 53	1,115 72	1,120 92	1,125 11	1,130 32	1,136 52	1,141 72
mm	6°	7°	8°	9°	10°	11°	12°	13°	14°	15°	16°	17°

18°	19°	20°	21°	22°	23°	24°	25°	26°	27°	28°	29°	mm
1,183 0730	1,189 0752	1,195 0773	1,201 0795	1,207 0817	1,213 0839	1,220 0863	1,226 0886	1,233 0910	1,240 0934	1,247 0959	1,254 0984	700
1,181 24	1,187 45	1,193 67	1,199 88	1,206 11	1,212 33	1,218 57	1,224 79	1,231 04	1,238 27	1,245 52	1,252 77	701
1,180 18	1,185 39	1,191 60	1,197 82	1,204 04	1,210 27	1,216 50	1,223 73	1,230 0898	1,236 21	1,243 46	1,251 71	702
1,178 11	1,184 33	1,189 54	1,195 74	1,202 0798	1,208 20	1,215 44	1,221 66	1,228 91	1,234 14	1,242 40	1,249 65	703
1,176 05	1,182 26	1,188 48	1,194 69	1,200 91	1,206 14	1,213 38	1,219 60	1,226 84	1,233 08	1,240 33	1,247 58	704
1,175 0699	1,180 20	1,186 41	1,191 63	1,198 85	1,204 07	1,211 31	1,218 54	1,224 78	1,231 02	1,238 27	1,245 52	705
1,173 93	1,179 14	1,184 35	1,190 56	1,196 79	1,203 01	1,210 25	1,216 47	1,222 72	1,229 0895	1,236 20	1,243 45	706
1,171 86	1,177 08	1,183 29	1,188 50	1,195 72	1,201 0795	1,208 18	1,214 41	1,220 65	1,227 89	1,234 14	1,241 39	707
1,169 80	1,175 01	1,181 23	1,187 44	1,193 66	1,199 88	1,206 12	1,212 34	1,219 59	1,225 82	1,233 08	1,239 32	708
1,168 74	1,174 0695	1,179 16	1,185 38	1,191 60	1,197 82	1,204 06	1,210 28	1,217 52	1,224 76	1,231 01	1,238 26	709
1,166 67	1,172 89	1,177 10	1,183 31	1,189 54	1,196 76	1,202 0799	1,209 22	1,215 46	1,222 70	1,229 0895	1,236 20	710
1,164 61	1,170 82	1,176 04	1,182 25	1,188 47	1,194 70	1,200 93	1,207 15	1,213 40	1,220 63	1,227 88	1,234 13	711
1,163 55	1,168 76	1,174 0697	1,180 19	1,186 41	1,192 63	1,199 87	1,205 09	1,212 33	1,218 57	1,225 82	1,232 07	712
1,161 49	1,167 70	1,172 91	1,178 12	1,184 35	1,191 57	1,197 81	1,203 03	1,210 27	1,217 51	1,224 75	1,231 01	713
1,159 42	1,165 64	1,171 85	1,176 06	1,182 28	1,189 51	1,195 74	1,202 0798	1,208 21	1,215 44	1,222 69	1,229 0894	714
1,158 36	1,163 57	1,169 79	0,175 00	1,181 22	1,187 44	1,194 68	1,200 91	1,207 15	1,213 38	1,220 63	1,227 88	715
1,156 30	1,162 51	1,167 72	1.173 0694	1,179 16	1,185 38	1,192 62	1,198 85	1,205 08	1,211 32	1,218 57	1,225 81	716
1,155 24	1,160 45	1,166 66	1,171 87	1,178 10	1,184 32	1,190 55	1,196 79	1,203 02	1,209 25	1,216 50	1,223 75	717
1,153 18	1,159 39	1,164 60	1,170 81	1,176 03	1,182 26	1,188 49	1,195 72	1,201 0796	1,208 19	1,215 44	1,222 69	718
1,151 11	1,157 33	1,162 54	1,168 75	1,174 0697	1,180 19	1,186 43	1,193 66	1,199 89	1,206 13	1,213 38	1,220 63	719
1,150 05	1,155 26	1,161 48	1,166 69	1,172 91	1,178 13	1,185 37	1,191 60	1,198 83	1,204 07	1,211 32	1,218 56	720
1,148 0599	1,154 20	1,159 41	1,165 63	1,171 85	1,177 07	1,183 30	1,189 54	1,196 77	1,202 00	1,209 25	1,216 50	721
1,146 93	1,152 14	1,158 35	1,163 56	1,169 79	1,175 01	1,181 24	1,187 47	1,194 71	1,201 0794	1,208 19	1,215 44	722
18°	19°	20°	21°	22°	23°	24°	25°	26°	27°	28°	29°	mm

mm	6°	7°	8°	9°	10°	11°	12°	13°	14°	15°	16°	17°
723	1,085 0353	1,090 0372	1,094 0390	1,098 0409	1,104 0428	1,109 0447	1,114 0466	1,119 0486	1,124 0505	1,129 0525	1,134 0546	1,139 0566
724	1,083 47	1,088 66	1,093 84	1,097 03	1,102 22	1,107 41	1,112 60	1,117 80	1,122 0499	1,127 19	1,132 39	1,138 60
725	1,082 41	1,087 60	1,091 78	1,096 0397	1,101 16	1,106 35	1,110 54	1,116 74	1,120 93	1,126 13	1,131 33	1,136 53
726	1,080 35	1,085 54	1,090 72	1,094 91	1,099 10	1,104 29	1,109 48	1,114 68	1,119 87	1,124 07	1,129 27	1,134 47
727	1,079 29	1,084 48	1,088 66	1,093 85	1,097 04	1,102 23	1,107 42	1,112 62	1,117 81	1,122 01	1,128 21	1,133 41
728	1,077 23	1,082 42	1,087 60	1,091 79	1,096 0398	1,101 17	1,106 36	1,111 56	1,116 75	1,121 0495	1,126 15	1,131 35
729	1,076 17	1,081 36	1,085 54	1,090 73	1,094 92	1,099 11	1,104 30	1,109 49	1,114 69	1,119 89	1,125 09	1,130 29
730	1,074 11	1,079 30	1,084 48	1,088 67	1,093 86	1,098 05	1,103 24	1,108 44	1,113 63	1,118 83	1,123 03	1,128 23
731	1,073 05	1,078 24	1,082 42	1,087 61	1,092 80	1,096 0399	1,101 18	1,106 38	1,111 57	1,116 77	1,121 0497	1,127 17
732	1,071 0299	1,076 18	1,081 36	1,085 55	1,090 74	1,095 93	1,099 12	1,105 32	1,110 51	1,115 71	1,120 91	1,125 11
733	1,070 93	1,075 12	1,079 30	1,084 49	1,088 68	1,093 87	1,098 06	1,103 26	1,108 45	1,113 65	1,119 85	1,124 05
734	1,068 87	1,073 06	1,078 24	1,082 43	1,087 62	1,092 81	1,096 00	1,102 20	1,107 39	1,112 59	1,117 79	1,122 0499
735	1,067 81	1,072 00	1,076 18	1,081 37	1,085 56	1,090 75	1,095 0394	1,100 14	1,105 33	1,110 53	1,115 73	1,120 93
736	1,065 75	1,070 0294	1,075 12	1,079 31	1,084 50	1,089 69	1,093 88	1,098 08	1,104 27	1,109 47	1,114 67	1,119 87
737	1,064 69	1,069 88	1,073 06	1,078 25	1 083 44	1,087 63	1,092 82	1,097 02	1,102 21	1,107 41	1,112 61	1,117 81
738	1,063 63	1,067 82	1,072 00	1,076 19	1,081 38	1,086 57	1,091 76	1,095 0396	1,100 15	1,106 35	1,111 55	1,116 75
739	1,061 57	1,066 76	1,070 0294	1,075 13	1,079 32	1,084 51	1,089 70	1,094 90	1,099 09	1,104 29	1,109 49	1,114 69
740	1,060 51	1,064 70	1,069 88	1,073 07	1,078 26	1,083 45	1,087 64	1,092 83	1,097 03	1,102 23	1,108 43	1,113 63
741	1,058 45	1,063 64	1,067 82	1,072 01	1,076 20	1,081 39	1,086 58	1,091 77	1,095 0397	1,101 17	1,106 37	1,111 57
742	1,057 39	1,061 58	1,066 76	1,070 0295	1,075 14	1,080 33	1,084 52	1,089 71	1,094 91	1,099 11	1,105 31	1,110 51
743	1,055 33	1,060 52	1,064 70	1,069 89	1,073 08	1,078 27	1,083 46	1,088 65	1,093 85	1,098 05	1,103 25	1,108 45
744	1,054 27	1,058 46	1,063 64	1,067 83	1,072 02	1,077 21	1,082 40	1,086 59	1,091 79	1,096 0399	1,101 19	1,107 39
745	1,052 21	1,057 40	1,061 58	1,066 77	1,071 0296	1,075 15	1,080 34	1,085 53	1,090 73	1,095 93	1,100 13	1,105 33
mm	6°	7°	8°	9°	10°	11°	12°	13°	14°	15°	16°	17°

18°	19°	20°	21°	22°	23°	24°	25°	26°	27°	28°	29°	mm
1,145 0587	1,150 0608	1,156 0629	1,161 0650	1,167 0672	1,174 0695	1,180 0718	1,186 0741	1,192 0764	1,199 0788	1,206 0813	1,213 0837	723
1,143 81	1,149 02	1,154 23	1,160 44	1,166 66	1,172 88	1,178 12	1,184 35	1,191 58	1,197 82	1,204 07	1,211 31	724
1,142 75	1,147 0596	1,153 17	1,158 38	1,164 60	1,170 82	1,176 06	1,183 29	1,189 52	1,195 75	1,202 00	1,209 25	725
1,140 68	1,146 90	1,151 11	1,157 32	1,162 54	1,168 76	1,175 0699	1,181 23	1,187 46	1,194 69	1,201 0794	1,208 19	726
1,138 62	1,144 83	1,150 05	1,155 26	1,161 48	1,167 70	1,173 93	1,179 16	1,186 40	1,192 63	1,199 88	1,206 12	727
1,137 56	1,142 77	1,148 0598	1,154 20	1,159 42	1,165 64	1,171 87	1,177 10	1 184 33	1,191 57	1,197 82	1,204 06	728
1,135 50	1,141 71	1,146 92	1,152 13	1,158 36	1,164 58	1,169 81	1,176 04	1,182 27	1,189 51	1,195 75	1,202 00	729
1,134 44	1,139 65	1,145 86	1,150 07	1,156 29	1,162 52	1,168 75	1,174 0698	1,181 21	1,187 44	1,194 69	1,201 0794	730
1,132 38	1,138 59	1,143 80	1,149 01	1,154 23	1,160 45	1,166 69	1,173 92	1,179 15	1,185 38	1,192 63	1,199 88	731
1,130 32	1,136 53	1,141 74	1,147 0595	1,153 17	1,159 39	1,165 63	1,171 86	1,177 09	1,184 32	1,191 57	1,197 81	732
1,129 26	1,134 47	1,140 68	1,145 89	1,151 11	1,157 33	1,163 56	1,169 80	1,176 03	1,182 25	1,189 51	1,195 75	733
1,128 20	1,133 41	1,138 62	1,144 83	1,150 05	1,155 27	1,161 50	1,167 73	1,174 0697	1,180 20	1,187 45	1,194 69	734
1,126 14	1,131 35	1,137 56	1,142 77	1,148 0599	1,154 21	1,160 44	1,166 67	1,172 90	1,179 14	1,185 38	1,192 63	735
1,124 08	1,130 29	1,135 50	1,141 71	1,146 93	1,152 15	1,158 38	1,164 61	1,171 84	1,177 07	1,184 32	1,191 57	736
1,123 02	1,128 23	1,134 44	1,139 65	1,145 87	1,151 09	1,157 32	1,163 55	1,169 78	1,175 01	1,182 26	1,189 51	737
1,121 0496	1,127 17	1,132 38	1,138 59	1,143 81	1,149 03	1,155 26	1,161 49	1,167 72	1,174 0695	1,180 20	1,187 44	738
1,120 90	1,125 11	1,130 32	1,136 53	1,142 75	1,147 0597	1,154 20	1,160 43	1,166 66	1,172 89	1,179 14	1,185 38	739
1,118 84	1,124 05	1,129 26	1,135 48	1,140 70	1,146 92	1,152 14	1,158 37	1,164 60	1,170 83	1,177 08	1,184 32	740
1 117 78	1,122 0499	1,127 20	1,133 42	1,139 64	1,145 86	1,150 08	1,156 31	1,163 54	1,169 77	1,176 02	1,182 26	741
1,115 72	1,120 93	1,126 14	1,131 36	1,137 58	1,143 80	1,149 02	1,155 25	1,161 48	1,167 71	1,174 0696	1,180 20	742
1,114 66	1,119 87	1,124 08	1,130 30	1,136 52	1,141 74	1,147 0596	1,153 19	1,159 42	1,166 65	1,172 93	1,179 14	743
1,112 60	1,117 81	1,123 02	1,129 24	1,134 46	1,140 68	1,146 90	1,152 13	1,158 36	1,164 59	1,170 83	1,177 08	744
1,110 54	1,116 75	1,121 0496	1,127 18	1,132 40	1,138 62	1,144 84	1,150 07	1,156 30	1,162 53	1,169 77	1,176 02	745
18°	19°	20°	21°	22°	23°	24°	25°	26°	27°	28°	29°	mm

mm	6°	7°	8°	9°	10°	11°	12°	13°	14°	15°	16°	17°
746	1,051 0216	1,055 0234	1,060 0252	1,064 0271	1,069 0290	1,074 0309	1,078 0328	1,083 0347	1,088 0367	1,093 0387	1,098 0407	1,104 0427
747	1,050 10	1,054 29	1,059 47	1,063 65	1,068 84	1,072 03	1,077 22	1,082 41	1,087 61	1,092 81	1,097 01	1,102 21
748	1,048 04	1,053 23	1,057 41	1,062 60	1,066 78	1,071 0297	1,075 16	1,080 35	1,085 55	1,090 75	1,095 0395	1,100 15
749	1,047 0198	1,051 17	1,056 35	1,060 54	1,065 72	1,069 91	1,074 10	1,079 29	1,084 49	1,089 69	1,094 89	1,099 09
750	1,045 92	1,050 11	1,054 29	1,059 48	1,063 67	1,068 86	1,073 05	1,077 24	1,082 43	1,087 63	1,092 83	1,097 03
751	1,044 86	1,048 05	1,053 23	1,057 42	1,062 61	1,067 80	1,071 0299	1,076 18	1,081 38	1,086 58	1,091 77	1,096 0397
752	1,042 80	1,047 0199	1,051 17	1,056 36	1,061 55	1,065 74	1,070 93	1,074 12	1,079 32	1,084 52	1,089 71	1,094 91
753	1,041 75	1,046 94	1,050 11	1,054 30	1,059 49	1,064 68	1,068 87	1,073 06	1,078 26	1,083 46	1,088 65	1,093 85
754	1,040 69	1,044 88	1,049 06	1,053 25	1,058 43	1,062 62	1,067 81	1,072 00	1,076 20	1,082 40	1,086 59	1,091 79
755	1,038 63	1,043 82	1,047 00	1,052 19	1,056 37	1,061 56	1,065 75	1,070 0294	1,075 14	1,080 34	1,085 54	1,090 74
756	1,037 57	1,041 76	1,046 0194	1,050 13	1,055 31	1,059 50	1,064 69	1,069 88	1,073 08	1,078 28	1,083 48	1,088 68
757	1,035 51	1,040 70	1,044 88	1,049 07	1,053 25	1,058 44	1,063 63	1,067 82	1,072 02	1,077 22	1,082 42	1,087 62
758	1,034 46	1,039 64	1,043 82	1,047 01	1,052 19	1,056 38	1,061 57	1,066 76	1,071 0296	1,075 16	1,081 36	1,085 56
759	1,033 40	1,037 59	1,042 77	1,046 0195	1,050 13	1,055 32	1,060 51	1,064 70	1,069 90	1,074 10	1,079 30	1,084 50
760	1,031 34	1,036 53	1,040 71	1,045 90	1,049 08	1,054 27	1,058 46	1,063 65	1,068 85	1,073 05	1,078 25	1,083 45
761	1,030 28	1,035 47	1,039 65	1,043 84	1,048 02	1,052 21	1,057 40	1,062 60	1,066 79	1,071 0299	1,076 19	1,081 39
762	1,029 23	1,033 41	1,037 59	1,042 78	1,047 0197	1,051 16	1,056 35	1,060 54	1,065 73	1,070 93	1,075 13	1,080 33
763	1,027 17	1,032 36	1,036 54	1,040 72	1,045 91	1,050 10	1,054 29	1,059 48	1,063 67	1,068 87	1,073 07	1,078 27
764	1,026 11	1,031 30	1,035 48	1,039 67	1,044 85	1,048 04	1,053 23	1,057 42	1,062 61	1,067 81	1,072 01	1,077 21
765	1,025 05	1,029 24	1,033 42	1,038 61	1,043 80	1,047 0199	1,052 18	1,056 37	1,061 56	1,066 76	1,071 0296	1,075 16
766	1,023 00	1,028 18	1,032 37	1,036 55	1,041 74	1,046 93	1,050 12	1,055 31	1,059 50	1,064 70	1,069 90	1,074 10
767	1,022 0094	1,026 13	1,031 31	1,035 49	1,040 68	1,044 87	1,049 06	1,053 25	1,058 44	1,063 64	1,068 84	1,073 04
768	1,021 88	1,025 07	1,029 25	1,034 44	1,038 62	1,043 81	1,047 00	1,052 19	1,056 38	1,061 58	1,066 78	1,071 0298
mm	6°	7°	8°	9°	10°	11°	12°	13°	14°	15°	16°	17°

18⁰	19⁰	20⁰	21⁰	22⁰	23⁰	24⁰	25⁰	26⁰	27⁰	28⁰	29⁰	mm
1,109 0448	1,114 0469	1,120 0490	1,125 0512	1,131 0534	1,137 0556	1,142 0578	1,149 0601	1,155 0624	1,161 0647	1,167 0671	1,174 0696	746
1,107 42	1,113 63	1,118 84	1,124 06	1,130 28	1,135 50	1,141 72	1,147 0595	1,153 18	1,159 41	1,166 65	1,172 90	747
1,106 36	1,111 57	1,117 78	1,122 00	1,128 22	1,134 44	1,139 66	1,145 89	1,151 12	1,158 35	1,164 59	1,171 84	748
1,104 30	1,110 51	1,115 72	1,121 0494	1,126 16	1,132 38	1,138 60	1,144 83	1,150 06	1,156 29	1,162 53	1,169 78	749
1,103 24	1,108 45	1,114 66	1,119 88	1,125 10	1,130 32	1,136 54	1,142 77	1,148 00	1,154 23	1,161 47	1,167 71	750
1,101 18	1,107 39	1,112 60	1,118 82	1,123 04	1,129 26	1,135 48	1,141 71	1,147 0594	1,153 17	1,159 41	1,166 65	751
1,099 12	1,105 33	1,110 54	1,116 76	1,122 0498	1,127 20	1,133 42	1,139 65	1,145 88	1,151 11	1,158 35	1,164 59	752
1,098 06	1,104 27	1,109 48	1,115 70	1,120 92	1,126 14	1,131 36	1,137 59	1,144 82	1,150 05	1,156 29	1,162 53	753
1,096 00	1,102 21	1,107 42	1,113 64	1,119 86	1,124 08	1,130 30	1,136 53	1,142 76	1,148 0599	1,154 23	1,161 47	754
1,095 0394	1,100 15	1,106 36	1,111 58	1,117 80	1,123 02	1,129 24	1,134 47	1,140 70	1,146 93	1,153 17	1,159 41	755
1,093 88	1,099 09	1,104 30	1,110 52	1,116 74	1,121 0496	1,127 18	1,133 41	1,139 64	1,145 87	1,151 11	1,158 35	756
1,092 82	1,097 03	1,103 24	1,109 46	1,114 68	1,120 90	1,125 12	1,131 35	1,137 58	1,143 81	1,150 05	1,156 29	757
1,091 76	1,096 0397	1,101 18	1,107 40	1,112 62	1,118 84	1,124 06	1,130 29	1,136 52	1,142 75	1,148 0599	1,154 23	758
1,089 70	1,095 91	1,099 12	1,105 34	1,111 56	1,117 78	1,122 0400	1,128 23	1,134 46	1,140 69	1,146 93	1,153 18	759
1,088 65	1,093 86	1,098 07	1,104 29	1,110 51	1,115 73	1,121 95	1,127 17	1,133 40	1,139 63	1,145 87	1,151 12	760
1,086 59	1,091 79	1,097 01	1,102 23	1,108 45	1,114 67	1,120 89	1,125 11	1,131 34	1,137 57	1,144 82	1,150 06	761
1,085 53	1,090 74	1,095 0395	1,101 17	1,107 39	1,112 61	1,118 83	1,124 05	1,129 28	1,135 51	1,142 76	1,148 00	762
1,083 47	1,088 68	1,094 89	1,099 11	1,105 33	1,111 55	1,116 77	1,122 0499	1,128 22	1,134 45	1,140 70	1,147 0594	763
1,082 41	1,087 62	1,092 83	1,098 05	1,104 27	1,109 49	1,115 71	1,120 93	1,127 17	1,132 39	1,139 64	1,145 88	764
1,081 36	1,086 57	1,091 78	1,096 00	1,102 22	1,108 44	1,114 66	1,119 88	1,125 11	1,131 33	1,137 58	1,144 82	765
1,079 30	1,084 51	1,089 72	1,095 0394	1,101 16	1,106 38	1,112 60	1,118 82	1,123 05	1,129 28	1,136 52	1,142 76	766
1,077 24	1,083 45	1,088 66	1,093 88	1,099 10	1,105 32	1,110 54	1,116 76	1,122 0499	1,128 22	1,134 46	1,140 70	767
1,076 18	1,081 39	1,086 60	1,092 82	1,097 04	1,103 26	1,109 48	1,115 70	1,120 93	1,126 16	1,133 40	1,139 64	768
18⁰	19⁰	20⁰	21⁰	22⁰	23⁰	24⁰	25⁰	26⁰	27⁰	28⁰	29⁰	mm

mm	6°	7°	8°	9°	10°	11°	12°	13°	14°	15°	16°	17°
769	1,019 0082	1,024 0101	1,028 0119	1,032 0138	1,037 0156	1,041 0175	1,046 0194	1,050 0213	1,055 0232	1,060 0252	1,065 0272	1,070 0292
770	1,018 77	1,022 0096	1,026 13	1,031 32	1,036 51	1,040 70	1,045 89	1,049 08	1,054 27	1,059 47	1,063 67	1,068 87
771	1,017 71	1,021 90	1,025 08	1,030 27	1,034 46	1,039 64	1,043 83	1,048 03	1,053 22	1,057 42	1,062 61	1,067 81
772	1,015 65	1,020 84	1,024 02	1,028 21	1,033 40	1,037 58	1,042 77	1,047 0197	1,051 16	1,056 36	1,061 55	1,066 76
773	1,014 60	1,018 79	1,022 0096	1,027 15	1,031 34	1,036 53	1,040 72	1,045 92	1,050 11	1,054 30	1,059 50	1,064 70
774	1,013 54	1,017 73	1,021 91	1,026 10	1,030 29	1,035 47	1,039 66	1,044 86	1,048 05	1,053 24	1,058 44	1,063 64
775	1,011 48	1,016 67	1,020 85	1,024 03	1,029 23	1,033 41	1,038 60	1,042 80	1,047 0199	1,052 19	1,056 38	1,061 58
776	1,010 43	1,014 62	1,018 79	1,023 0098	1,027 17	1,032 36	1,036 55	1,041 75	1,046 93	1,050 13	1,055 33	1,060 53
777	1,009 37	1,013 56	1,017 74	1,021 93	1,026 12	1,030 30	1,035 49	1,040 69	1,044 88	1,049 07	1,054 27	1,059 47
778	1,007 31	1,012 50	1,016 68	1,020 87	1,025 06	1,029 24	1,034 43	1,038 63	1,043 82	1,048 02	1,052 21	1,057 41
779	1,006 26	1,010 45	1,014 62	1,019 81	1,023 00	1,028 19	1,032 38	1,037 58	1,041 76	1,046 0196	1,051 16	1,056 36
mm	6°	7°	8°	9°	10°	11°	12°	13°	14°	15°	16°	17°

Anhang.

Heizwerte fester Brennstoffe,
bezogen auf wasser- und aschefreie Substanz.

Bearbeitet nach Angaben von Dr. Aufhäuser.

Deutsche Steinkohlen aus:

Rheinland-Westfalen: Magerkohlen   0,57 bis 7,21 % Wasser 8370 WE
3,38 » 27,12 » Asche

»   »   Fett- u. Gas-
flammkohlen   0,49 » 8,83 » Wasser 8300 »
3,47 » 23,43 » Asche

Schlesien . . . .   1,34 » 27,48 » Wasser 7790 «
2,90 » 23,74 » Asche

Englische Steinkohlen aus:

Durham . . . .   0,86 » 4,90 » Wasser 8242 »
4,22 » 16,08 » Asche

Northumherland . . . .   1,70 » 14,25 » Wasser 7851 »
2,53 » 21,03 » Asche

Yorkshire-Derbyshire . . . . . .   1,38 » 13,74 » Wasser 7883 »
1,98 » 22,36 » Asche

Schottland . . . .   2,12 » 21,67 » Wasser 7779 »
3,83 » 21,93 » Asche

South-Wales (Cardiffkohlen) . . .   0,20 » 3,33 » Wasser 8383 »
3,86 » 15,22 » Asche

18°	19°	20°	21°	22°	23°	24°	25°	26°	27°	28°	29°	mm
1,075 0313	1,080 0334	1,085 0355	1,091 0376	1,096 0398	1,102 0420	1,108 0442	1,113 0464	1,119 0487	1,125 0510	1,131 0534	1,137 0558	769
1,073 08	1,079 29	1,084 50	1,089 71	1,095 93	1,100 15	1,106 37	1,112 59	1,117 81	1,123 04	1,130 29	1,136 53	770
1,072 03	1,077 22	1,083 44	1,088 64	1,093 86	1,099 08	1,104 30	1,110 52	1,116 76	1,122 0498	1,128 23	1,134 47	771
1,071 0297	1,076 17	1,081 37	1,086 58	1,092 80	1,097 02	1,103 25	1,108 46	1,114 70	1,120 93	1,127 17	1,133 41	772
1,070 92	1,074 11	1,080 32	1,085 52	1,090 74	1,096 0396	1,101 19	1,107 40	1,113 64	1,119 87	1,125 11	1,131 35	773
1,068 86	1,073 05	1,078 26	1,083 47	1,089 69	1,094 90	1,100 13	1,105 34	1,111 58	1,117 81	1,123 05	1,130 29	774
1,067 80	1,071 0299	1,077 21	1,082 41	1,087 63	1,093 85	1,098 07	1,104 29	1,110 52	1,116 75	1,122 0499	1,128 23	775
1,065 74	1,070 94	1,075 15	1,080 35	1,086 57	1,091 79	1,097 01	1,102 23	1,109 47	1,114 69	1,121 94	1,127 17	776
1,064 69	1,069 88	1,074 09	1,079 29	1,084 51	1,090 73	1,096 0396	1,101 17	1,107 41	1,113 63	1,119 88	1,125 12	777
1,063 63	1,067 82	1,072 03	1,078 24	1,083 46	1,088 67	1,094 90	1,099 11	1,105 35	1,111 58	1,117 82	1,124 06	778
1,061 57	1,066 76	1,071 0298	1,076 18	1,082 40	1,087 62	1,093 84	1,098 06	1,104 29	1,110 52	1,116 76	1,122 00	779
18°	19°	20°	21°	22°	23°	24°	25°	26°	27°	28°	29°	mm

Braunkohlen aus:

 Deutschland . . . . 33,66 bis 60,50 % Wasser 6155 WE
            2,57 » 12,94 » Asche

  Tschecho-Slowakei . . . . 14,10 » 32,78 » Wasser 6970 »
            2,88 » 10,47 » Asche

Koks

 Gaskoks . . . . 10,0 » 15,0 » Wasser 8100 »
            7,0 » 12,0 » Asche

  Grudekoks . . . . 4,09 » 12,25 » Wasser 7805 »
            17,63 » 25,18 » Asche

  Koks aus engl. Kohlen . . . . . 0,30 » 5,63 » Wasser 7970 »
            7,06 » 9,89 » Asche

  Koksgrus . . . . 0,39 » 23,63 » Wasser 7905 »
            12,31 » 26,44 » Asche

  Torfkoks . . . . 2,0 » 8,0 » Wasser 7900 »
            5,0 » 12,0 » Asche

  Westfäl. Hüttenkoks . . . . . . 0,17 » 6,17 » Wasser 7960 »
            7,30 » 15,12 » Asche

Briketts aus:

 Steinkohle . . . . 0,65 » 4,84 » Wasser 8330 »
            6,59 » 13,88 » Asche

  Braunkohle . . . . 10,31 » 19,46 » Wasser 6355 »
            4,42 » 11,88 » Asche

  Torf . . . . 12,0 » 16,0 » Wasser 6400 »
            2,0 » 5,0 » Asche

 Torf . . . . 13,31 » 29,61 » Wasser 5010 »
            1,0 » 24,22 » Asche

  Holz . . . . 6,64 » 23,72 » Wasser 4520 »
            0,38 » 1,10 » Asche

Heizwerte flüssiger Brennstoffe.

Alkohol	0,794	6 480 WE
» 90%	0,834	5 695 »
Benzin	0,7—0,705	10 400 »
Benzol 90%	0,8	9 500 »
Gasöl	0,83—0,88	10 100 »
Gasolin	0,68	10 300 »
Naphthalin, roh	1,15	9 300 »
Paraffinöl	0,905—0,92	9 800 »
Petroleum	0,79—0,82	10 500 »
Rüböl	0,915	8 300 »
Solaröl	0,825	9 980 »
Teer	1,05—1,24	8 850 »
Teeröl . . . . ca.	1,1	9 000 »
Toluol	0,87	9 700 »
Urteer aus Braunkohle . . . . }	0,95—1,06	8 750 »
» . » Steinkohle . . . . }		8 900 »
Xylol	0,756	10 200 »

Heizwerte von Gasen.

Azetylengas (dissous) . .	0,9	14 300 WE
Blasengas		7—9 000 »
Blaugas (flüss. Gas) . .	0,8—1,0	14 000 »
Braunkohlengas	0,61—0,63	2 700—3 500 »
Braunkohlen-Schwelgas .	0,6—0,7	8—9 500 »
Flüssiggas (Pintsch) . .	0,9—1,2	15—18 000 »
Generatorgas	0,94—0,97	1—1 400 »
Generator-Wassergas . .	0,65	1 200—1 400 »
Holzgas	0,6—0,7	3 000 »
Kohlenoxydgas	0,967	3 038 »
Luftgas	1,1—1,2	3 100 »
Methangas	0,55	7 800 »
» (technisch) . .	0,79	9 200 »
Ölgas	0,6—0,9	10 000 »
Schwelgas (flüssig 10 000) .		1 200—3 600 »
Steinkohlengas	0,40—0,45	5 000 »
» +33% Ölgas	0,50	6 200 »
» +66% »	0,59	7 950 »
Strohgas		3 300 »
Torfgas		1 100—1 200 »
Wassergas	0,44—0,50	2 500—2 700 »
Wasserstoff	0,0696	2 573 »

Verschiedene Heizwerte.

Benzoldampf 2,7	33 700	WE
1 kWh	864	»
1 kg Dampf b. 760 mm .	640	»
1 » » » 20 at abs.	673	»
1 PS	632,3	»
1 WE	427	mkg

Englische Wärmeeinheiten.

1 therm	=	100 000 B.T.U.
1 B.T.U. . . .	=	0,252 WE
1 WE	=	3,968 B.T.U.

Flammentemperaturen verschiedener Gase.

Acetylen, leuchtend	1 900 °C		Leuchtgas im Méker-, Born-	
» entleuchtet . . .	2 300 »		kessel-, Kernbrenner . .	1 650 °C
Acetylen-Sauerstoffgebläse . .	3 100 »		Leuchtgas im Preßgas-, Preß-	
Alkohol	1 705 »		luft-, Selasbrenner . . .	1 800 »
Generatorgas	1 550 »		Leuchtgas-Sauerstoffgebläse .	2 200 »
Kerze	1 700 »		Methangas	1 830 »
Kohlenoxyd	2 100 »		Wassergas	2 160 »
Leuchtgas im Bunsenbrenner .	1 550 »		Wasserstoff in freier Luft . .	1 969 »
			Wasserstoff-Sauerstoffgebläse .	2 900 »

Verbrennungsprodukte von Gasen.

1 m³ Acetylen	=	12,43 m³		1 m³ Steinkohlengas . .	=	6,18 m³
1 » Generatorgas . .	=	1,79 »		1 » Wassergas . . .	=	2,88 »
1 » Methan	=	10,54 »		1 » Wasserstoff . . .	=	2,89 »
1 » Pentan	=	41,17 »				

Luftbedarf von Gasen.

1 m³ Acetylen . . .	=		12 m³		1 m³ Methan . . .	= ca.	9 m³
1 » Blaugas . .	= ca.	15 »			1 » Ölgas . . .	= ca.	10 »
1 » Braunkohlengas .	= ca.	6 »			1 » Steinkohlengas .	= ca.	5,5 »
1 » Generatorgas . .	= ca.	0,9 »			1 » Wassergas . .	= ca.	2,4 »
1 » Luftgas (250 g Pen-					1 » Wasserstoff . .	=	2,39 »
tan)	=		3 »				

Explosionsbereich und Explosionstemperaturen von Gasen.

	%-Gehalt der Mischung an brennbarem Gas (in 19 mm-Rohr)	Explosionstemperatur (nach Eitner)
Acetylen	3,5 bis 52,2	1280°
Aethylen	4,2 » 14,5	1332°
Kohlenoxyd	16,6 » 74,8	1435°
Methan	6,2 » 12,7	1445°
Steinkohlengas . . .	8,0 » 19,0	1255°
Wassergas	12,5 » 66,6	1080°
Wasserstoff	9,5 » 66,3	769°

Luftüberschußzahl.

$$L = \frac{N_2}{N_2 - \frac{79}{21} \cdot O_2}.$$

Wärmeverlust durch die Rauchgase
bezogen auf Leuchtgas.

$$W = \frac{0,5 \cdot 100 \cdot 0,32\,(t_2 - t_1)}{Hu \cdot CO_2}.$$

Kraftbedarf in PS für die Kompression von Gasen.

$$P = \frac{k \cdot p}{27 \cdot \eta} \qquad p = \text{Druck in at.}$$

Leistung des Gasrohrnetzes in m³ bei erhöhtem Druck.

$$v_2 = v_1 \cdot \frac{\sqrt{p_2}}{\sqrt{p_1}}.$$

Die angeführten Zahlen sind Mittelwerte.

Unter »Heizwert« ist der »untere Heizwert«, bei festen und flüssigen Brennstoffen für 1 kg, bei Gasen für 1 m³, zu verstehen.

www.ingramcontent.com/pod-product-compliance
Lightning Source LLC
Chambersburg PA
CBHW081427190326
41458CB00020B/6130